图解
食品雕刻技法

李福军　编著

金盾出版社

内 容 提 要

这是一本专为广大厨师编写的食品雕刻教材。全书分为三大篇：第一篇主要介绍食品雕刻基础知识；第二篇通过各类不同实例详细讲解食品雕刻的原料、工具与步骤；第三篇展示一些典型食雕作品以供读者鉴赏参考。本书内容翔实，技艺精湛，图文对照，易懂好学，既简明又实用，不仅非常适合各级厨师自学使用，也可供各地烹饪学校教学参考。

图书在版编目(CIP)数据

图解食品雕刻技法/李福军编著 . —北京：金盾出版社，2012.6(2018.2 重印)
ISBN 978-7-5082-7441-6

Ⅰ.①图… Ⅱ.①李… Ⅲ.①食品—装饰雕塑—图解 Ⅳ.①TS972.114-64

中国版本图书馆 CIP 数据核字(2012)第 033604 号

金盾出版社出版、总发行
北京市太平路 5 号(地铁万寿路站往南)
邮政编码：100036 电话：68214039 83219215
传真：68276683 网址：www.jdcbs.cn
北京印刷一厂印刷、装订
各地新华书店经销
开本：787×1092 1/16 印张：5.5 彩页：88 字数：30 千字
2018 年 2 月第 1 版第 5 次印刷
印数：17 001～20 000 册 定价：20.00 元

前　言

中国食雕历史悠久，技艺精湛，是中国饮食文化中一颗璀璨的明珠。食品雕刻就是用专门的刀具把食品原料雕刻成各种形象生动的作品，它适用于各种宴会，是宴席中必不可少的组成部分。它可烘托菜肴的精美，增添宴会的喜庆气氛，使人们在享用美味佳肴的同时，在精神上还得到一种艺术美的享受。也正是因为食品雕刻具有这样的地位和作用，所以历来受到饭店的重视和宾客的喜爱，从而成为许多厨师都想掌握的一门基本技艺。

改革开放三十多年来，特别是近几年，随着人民物质文化生活水平的不断提高和餐饮业的蓬勃发展，各种精美的食品雕刻作品越来越普遍地走入各类大小宴席。其中有的作为点缀置于菜肴一旁，有的则单独摆放于桌面中间作为看台，以供宾客欣赏，营造欢乐气氛。这些栩栩如生的作品，既展示了厨师的水平，也体现了酒席的档次，为饭店赢得了更多的顾客，也为从业人员进一步丰富、提高自己的专业技能指明了一个目标。

面对当今竞争激烈的餐饮业，宾馆、饭店、酒家对厨师的要求也越来越高、越来越多。作为一名厨师，不能再像过去那样，只会炒菜，其他一概不会。尤其对在中、高档饭店就职的青年厨师来说，只有热爱本职，刻苦学习，努力掌握专业技能，不断增加服务本领，做到一专多能，多才多艺，才能受到店里赏识和重用，永远立于不败之地。否则，将会影响个人的进步与发展，甚至有可能被淘汰。正是鉴于餐饮业这样的形势和要求，我们专门编写了这本《图解食品雕刻技法》，以供广大厨师学习参考。因为对于厨师来说，食品雕刻便是一种最基本、最实用的专业技能。如果本书能为读者掌握食雕技艺、提高食雕水平提供一些指导和帮助，便是作者最大的欣慰。

由于水平所限，书中难免有疏漏、不足之处，恳望广大读者特别是同行专家批评指正，不胜感激。

编　者

目　录

第一篇　食品雕刻基础知识

　　食品雕刻是以根茎蔬菜、瓜果及其他烹饪原料为主，采用美术雕刻的浮雕和圆雕方法，刻出花、鸟、鱼、虫、兽、人物及建筑等形象的一种特殊工艺。其目的就是用于美化、装饰菜肴，点缀陪衬主题，烘托宴席气氛，从而给人以美的享受。有的还可食用，能为喜庆的宴席增添乐趣，增进食者的食欲，故颇为人们喜爱。

　　食品雕刻是一门艺术，它是烹饪美术中的一个组成部分，属于实用美术范畴，近年来发展速度很快。

　　食品雕刻和艺术雕刻差不多，特别是刀具十分近似，雕刻的花卉鸟虫形象也相似，只是所用原料不同。雕刻的花草、禽兽和鱼虫，造形优美，形象逼真，色彩鲜艳，无论是摆花坛、花篮或是点缀冷菜拼盘，都会使宾客置身于优美的环境之中，产生美好的视觉效果；宾主在用餐的同时，也能获得艺术的享受。

一、食品雕刻分类

　　食品雕刻根据原料的不同可分为果蔬雕、黄油雕、冰雕、琼脂雕等种类。果蔬雕刻又可以分为整雕、浮雕、镂空雕等。果蔬雕刻根据品种造形可分花卉类、鸟类、鱼虫类、兽畜类、吉祥类。

（一）食品雕刻工艺分类

　　1. 整体雕刻　　整雕是指用一块原料雕刻成一个具有完整形体的实物形象。整雕的特点是：具有整体性和独立性，不需其他物体的支持和陪衬，自成其形。不管从哪个角度观看，立体感都很强，具有较高的欣赏价值。这种雕刻难度大，需要具有一定的雕刻基础。

　　2. 组装雕刻　　组装雕刻是指用两块或两块以上的原料，分体雕刻成形。集中组装成某个完整物体的形象。其特点是：选料不受品种限制，色彩多种多样，雕刻方便，成品特别富有真实感。是一种比较理想的雕刻形式，尤其适宜一些形体较大或比较复杂的物体形象雕刻。用这种方式雕刻，要有整体观念，有计划地分体雕刻，部分一定要服从于整体，组装时互相衔接，拼装应密切配合好，使组装成的物体完美逼真。

　　3. 浮　　雕　　浮雕是指在烹饪原料的表面，雕刻出向外突出或向里凹进的花纹图案。根据其表现形式，可把浮雕分为凸雕和凹雕两大类。凸雕（又称阳纹雕）：凡是把要表现的花纹图案向外突出刻画在原料上的称为凸雕。凹雕（又称阴纹雕）：凡是把要表现的花纹图案向里凹陷刻画在原料上的称为凹雕。浮雕的两种表现形式，雕刻原理相同，只不过表现手法不同。同一种花纹图案既可采用凸雕，也可采用凹雕。雕前要根据原料性质、图案形象等情况选择其表现形式，然后精心设计，明确要去掉和保留的部分。初学者可把要刻的图案先画在原料表面，然后再动刀雕刻，以保证雕刻的效果。浮雕最适于西瓜盅等品种的雕刻。

4．镂空雕　是指用镂空透刻的方法，把所需要的花纹图像刻画在原料上。其操作大体和凹雕相似。镂雕技术难度大，操作时下刀要准、行刀要稳，不能损伤其他部分，以保持花纹图像的完整美观，如各种冬瓜灯等，均可采用这种雕刻方式。

（二）食品雕刻造型分类

1．花卉类　如荷花、玫瑰、月季、大丽花、梅花、马蹄莲等。这些作品选用原料一般都是鲜艳的，可根据不同作品运用不同的刀法，根据花的特点、颜色、花瓣的大小、形状等，用于组装或点缀，原料用胡萝卜、心里美等。

2．鸟　类　如孔雀、鹰、公鸡、仙鹤、锦鸡等。这些作品一般选用大一点的原料，采用组装或整雕来完成作品，一般用于宴会、生日等。原料用南瓜、青萝卜、芋头等。

3．鱼、虫类　如金鱼、鲫鱼、鲇鱼、草鱼、金枪鱼、虾、螃蟹等。这些作品选用中等原料，成品体积小，可运用多只来组装，适用于盘式。原料用胡萝卜、心里美、白萝卜等。

4．兽畜类　如马、牛、羊、猪、狗等。这类作品运用的原料比较大，多是整雕或组装来完成，适用于大形宴会、比赛展台等。原料用长南瓜、大芋头等。

5．吉祥类　如绣球，寿等。这类作品一般选用原料体积较小，采用镂空、浮雕的形式来表现，用于菜肴的点缀。原料用西瓜、南瓜、冬瓜等。

二、食品雕刻工具

目前食品雕刻的刀具品种很多，不像过去那样，不仅品种单一，而且有些工具无法根据实际需要对作品进行处理。现在我们可以自己制作或购买 O 形掏刀或 V 形掏刀等，用这样的工具处理的原料，非常光滑细腻，不容易留下疤痕，而且大大提高了工作效率。下面就给大家介绍几种工作中常用的雕刻刀具。

（一）主　刀

主刀又名手刀，在雕刻中使用广泛，可灵活运用，是食品雕刻常用的工具，一般用于完成食品雕刻的切、削、片、刻、旋等方法。

（二）U 形刀

1．大号 U 形刀　主要用于制作较大的花瓣、鳞片。

2．中号 U 形刀　主要用于制作鸟类的羽毛、花朵、眼睛等。

3．小号 U 形刀　主要用于制作鸟类的腮部绒毛、鸟爪。

（三）V 形刀

1. 大号 V 形刀　主要用于制作大型的山石、衣褶等。
2. 中号 V 形刀　主要用于制作各种鸟类的翅膀、菊花。
3. 小号 V 形刀　主要用于制作花芯、人物的发丝及动物的细毛。

（四）刻线刀

刻线刀有 V 形刀和 U 形刀两种，一般用于制作浮雕等立体线条，比如西瓜盅、瓜灯等。

（五）O 形掏刀

1. 大号 O 形掏刀　主要用于制作大型的树干、山石、浪花等。
2. 中号 O 形掏刀　主要用于处理人物的衣褶，用这样的掏刀处理，更加飘逸自然，无痕迹。
3. 小号 O 形掏刀　主要用于制作鸟类的鼻孔等不易处理到的死角地方。

（六）其他工具

雕刻工具还有挖球器、削皮刀、模具、剪刀等，这些也是常用的工具，在雕刻中能起到辅助的作用，比如用挖球器挖出的圆形球体，不仅光滑圆润，效果很好，而且节省时间。

三、食品雕刻过程

（一）命　题

命题又称选题，要根据使用的场合及目的来确定雕品合适的题目。必须考虑到民族的习俗、时令季节及宾客身份等因素，使选择的题目新颖，恰到好处，富有意义。然后根据不同情况来确定想要雕刻的作品，确定雕刻的主题。如举办婚宴，我们就要以喜庆为主题来完成，如龙凤呈祥、鸳鸯戏水等，来表现出对婚姻的和和美美与幸福美满。如举办公司的庆典活动，则以生意兴隆、顽强拼搏为主题来完成，如用万马奔腾，大展宏图等来表现公司对未来积极拼搏的一种精神。

（二）设　计

根据题意来确定雕品的类型，如雕品的大小、高低及表现形态等。这一步是雕刻作品能否达到形象生动和确切表现主题的关键。在设计时，要求进行多方面的思考和斟酌，力求达到与主题完美的结合。如在招待宾客时打算雕刻老虎，就不能设计两只虎，历俗"一山不容二虎"，否则就是对宾客不礼貌。在设计喜庆时，雕刻鸳鸯就不能刻三只，因为讲究"比翼双飞"，三只就偏离主题，不是说鸟越多越好。所以在设计时要反复地思考和修改。

（三）选　料

所用原料，要根据题目和雕刻作品的类型进行合理选择。选择时，要考虑到原料的质地、色泽、形态、大小等，是否有利于完成题目和符合雕品类型的要求。做到心中有数，选料恰当，色泽鲜艳，便于雕刻，物尽其用。如在用心里美雕刻时，我们一般用它来雕刻小形的花卉用于衬托。如用白萝卜雕刻时，一般用它来辅助主题，因为白萝卜的颜色所限，它不容易突出作品的效果。

（四）布　局

选定原料后，要根据主题内容来雕刻作品的形象，对雕刻作品进行整体设计。先安排好主体部分，再安排陪衬辅助部分。各部分都要恰到好处，使主题突出，形象逼真，决不能喧宾夺主或主次不分。如在布局以寿比南山为主题时，突出的是长寿、健康，应以仙鹤松树为主，花草山石作为辅助。

（五）雕　刻

雕刻是实现总体设计要求的决定性一步。因此，雕刻时要全神贯注，先划出雕刻作品的大体轮廓，然后再动刀。先整体，后局部；先雕刻粗线条，后雕刻细线条。下刀要稳准，行刀要利落。按雕刻运刀顺序精雕细刻，直至完成雕品设计的形态。最后再对作品进行装饰。

四、食品雕刻保存

雕品原料中大多含有较多的水分和某些不稳定物质，如果保管不当，很容易变形、变色，以至于损坏。雕品又是一件艺术性很高且操作复杂的作品，须妥善保管，使之尽量延长使用时间。食品雕刻的保管方法：通常采用低温保管法、明矾保存法、湿润保鲜法等。

（一）低温浸泡法

将雕刻好的生料成品直接放入冷水中浸泡。此种方法只适于较短时间的保管，适用于小形作品。所以用这种方法浸泡时，时间不宜过长，否则影响雕品质量。心里美不宜用这方法，因为容易掉色。

（二）明矾保存法

将雕刻好的生料成品放入1%的白矾水中浸泡。浸泡前要将作品用清水冲洗。这种方法能较长时间保持雕品质地新鲜和色彩鲜艳。保管过程中，要避免日晒和冷冻，如出现白矾水发浑现象，应及时更换新矾水继续浸泡，并要防止盐、碱混入溶液中，否则雕刻作品容易腐烂变质。另外，在存放雕刻作品的水中也可放几片维生素C，以使原料能较长时间保存。

（三）湿润保鲜法

用保鲜膜或用沾湿的毛巾把雕刻好的作品包裹起来。这样不仅可以防止大部分水分流失，保持原料的湿润，还可以保持原料的颜色。

五、食品雕刻的作用

（一）食品雕刻在宴会中的作用

雕品一般出现在宴会上，特别是大型宴会使用得比较多。主要的形式是组装的雄鹰、万马奔腾等。一般宴席只是在餐桌边上摆设一些鸟兽等小型的立体雕品。食雕作品可以渲染活跃宴席的气氛，提高宴席的档次，为宾客增添欢快、愉悦的情趣。寓意期盼美好、向往高出奋进的意义。

（二）食品雕刻在凉菜中的作用

雕品在冷菜中主要用来点缀、衬托冷盘，给冷盘增加艺术色彩，给花色冷盘增加艺术感染力，提高欣赏价值。例如，在普通的冷盘中，适当点缀一些花朵，就能使冷盘增色不少。在花色冷盘中雕刻某个关键部位，就能增加立体色彩，形象就会显得特别生动。如在结婚酒席的冷盘中放上一对雕刻得很精美的"鸳鸯"，就会更加突出喜庆的美好气氛，增加宾客情趣。

（三）食品雕刻在热菜中的作用

雕品在热菜中应用比较多。如在香酥鸡大盘边放上一朵牡丹花或月季花，就会显得格外美观、更加完整。在炸制类菜肴中，适当点缀雕品，能使菜肴显得更加艳丽。但雕品要应用得当，要注意应用效果，过多反而显得凌乱。

图解食品雕刻技法

第二篇　食品雕刻实例讲解

1. 牡　丹　花

【原料】心里美，青萝卜，南瓜。

【工具】主刀，U形刀。

【步骤】

1. 选一个心里美萝卜。

2. 用主刀一切两半，把一半用主刀修成半圆形状（图2）。

3. 用U形刀在心里美顶部戳出几道横纹（图3）。

4. 用掏刀或U形刀戳出花瓣中的纹路（图4）。

5. 用主刀沿花瓣弧度片下来（图5）。

6. 花瓣大小的样子，及花的芯（图6）。

7. 组装，组装时花瓣由内至外，由小瓣至大瓣（图7）。

8. 完成后的样子（图8）。

9. 近景（图9）。

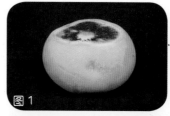
图1

图2

图3

图4

图5

图6

图7

图8

图9

2.五 瓣 花

【原料】南瓜，白萝卜。

【工具】主刀。

【步骤】

1. 选一块南瓜，用主刀把原料切成长方形（图1）。

2. 用主刀把原料开出半圆花瓣的形状（图2）。

3. 用主刀在原料平面片出一刀，注意片的时候把原料片出U形（图3）。

4. 用主刀片出花瓣（图4）。

5. 组装、粘接花瓣时，将花瓣半包着另一瓣（图5）。

6. 用青萝卜切出花芯，然后粘接上用白萝卜切成的花芯（图6）。

7. 完成后的样子（图7）。

图1

图2

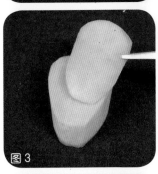

图3

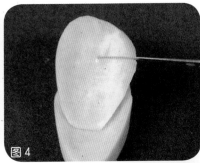

图4

图5

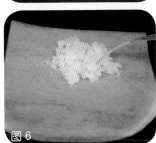

图6

图7

3. 太 阳 花

【原料】南瓜。

【工具】主刀，U形刀。

【步骤】

1. 选一段南瓜，用主刀修平（图1）。

2. 用大号U形刀戳出花芯（图2）。

3. 用主刀去掉花芯周边的废料（图3）。

4. 用主刀刻出花芯中的蕊（图4）。

5. 用中号U形刀戳出花瓣（图5）。

6. 用主刀片取根部（图6）。

7. 完成后的样子（图7 ）。

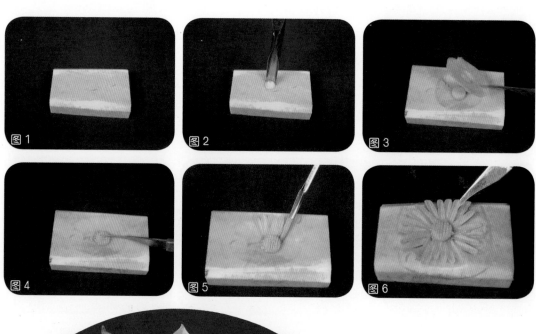

图1　图2　图3

图4　图5　图6

图7

4. 睡 莲

图1

图2

图3

图4

图5

图6

【原料】青萝卜，南瓜。

【工具】主刀，U形刀。

【步骤】

1. 选一段青萝卜（图1）。

2. 用主刀将原料划出树叶的形状，然后去掉废料（图2）。

3. 用大号U形刀在料的片面戳一刀，深至U形刀相平（图3）。

4. 用主刀沿原料片出花瓣（图4）。

5. 花瓣的形状大小（图5）。

6. 另用U形刀戳出花芯，然后粘接上花瓣（图6）。

7. 完成后的样子（图7）。

图7

5. 玫 瑰

【原料】胡萝卜。

【工具】主刀，U形刀。

【步骤】

1. 选一段胡萝卜（图1）。

2. 用主刀把原料修成锥形（图2）。

3. 用U形刀戳出花瓣的外形（图3）。

4. 用主刀沿边划出花瓣的形状，并取出多余的废料然后去掉（图4）。

5. 用主刀去掉花瓣中的废料（图5）。

6. 完成后的样子（图6）。

图1

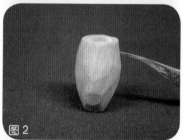

图2

图3

图4

图5

图6

6．鸟类翅膀

【原料】南瓜。

【工具】主刀，U 形刀，V 形刀。

【步骤】

1．选一块南瓜，用小号 U 形刀戳出翅膀的大形（图 1）。

2．用主刀沿线去掉废料。并修圆翅膀边缘（图 2）。

3．用小号 V 形刀或主刀划出翅膀边缘的绒毛（图 3）。

4．用小号 V 形刀在翅膀 1/3 处划出翅膀的绒毛（图 4）。

5．用主刀或中号 U 形刀戳出羽毛的二级飞羽，并去掉飞羽下的废料，这样使羽毛更突出（图 5）。

6．然后再用主刀或 U 形刀在二级飞羽后面做出第三层次羽，用主刀去掉层次间的余料。注意第一片飞羽比后面羽毛短些（图 6）。

7．羽毛做完后用小号 V 形刀戳出羽毛上的羽茎（图 7）。

8．成品展示（图 8）。

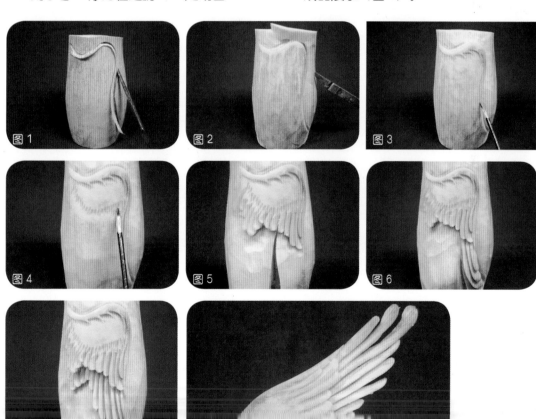

图解食品雕刻技法

7.公 鸡 头

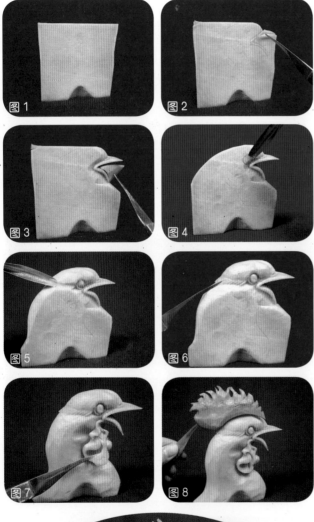

图1　图2　图3　图4　图5　图6　图7　图8

【原料】南瓜。

【工具】主刀，U形刀，V形刀。

【步骤】

1. 选取一块南瓜，用主刀削出前窄后宽形（图1）。

2. 用主刀在额头定出鸡的嘴部（图2）。

3. 用主刀刻出嘴角及张嘴的形状，并取出嘴中的废料（图3）。

4. 用中号U形刀定出眼的位置（图4）。

5. 用主刀把眼睛修圆。然后再戳出鸡的头翎（图5）。

6. 用主刀或V形刀划出头翎上的绒毛（图6）。

7. 用主刀在眼角划出鸡坠的形状（图7）。

8. 另取胡萝卜刻出鸡冠形状（图8）。

9. 用主刀或V形刀刻出鸡颈部的毛发（图9）。

图9

8. 凤　尾

【原料】南瓜。

【工具】主刀，V形刀。

【步骤】

1. 选一段南瓜，用主刀修平（图1）。

2. 用主刀画出两条尾巴的大形，然后主刀去掉废料（图2）。

3. 用V形刀划出尾巴上的羽茎（图3）。

4. 用主刀刻出尾巴上的细毛，注意左右飘逸，并取出尾巴下的废料（图4）。

5. 用主刀单刻出几根细长的羽毛粘接在尾巴的根部（图5）。

6. 作品展示（图6）。

图1

图2

图3

图4

图5

图6

图解食品雕刻技法

9. 鸟 爪

【原料】红薯。

【工具】主刀，U形刀。

【步骤】

1. 选一块红薯，用主刀切出平面，注意原料要切成上窄下宽形（图1）。

2. 用主刀由上往下开出一个斜面（图2）。

3. 用主刀开出鸟爪的三个面，然后用小号U形刀戳出鸟爪（图3）。

4. 用主刀开出鸟的后肢，取出废料，反面用相同的方法（图4）。

5. 用小号U形刀戳出爪趾的肉，再用主刀刻出指甲（图5）。

6. 用小号U形刀戳出腿部的筋（图6）。

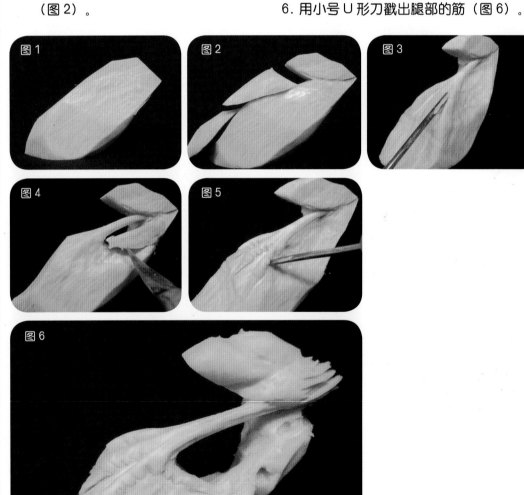

10．喜鹊头部

【原料】南瓜。

【工具】主刀，U形刀。

【步骤】

1. 选一段南瓜（图1）。

2. 用主刀把原料切成前窄后宽的大形（图2）。

3. 用主刀在额头定出嘴的位置（图3）。

4. 用主刀切出嘴角，并用小号U形刀戳出鼻子的位置（图4）。

5. 用主刀定出眼的位置并修圆，并用U形刀戳出头翎（图5）。

6. 用U形刀戳出鸟的腮部，并用小号U形刀或主刀划出眼部的绒毛（图6）。

7. 用主刀划出头翎上的绒毛（图7）。

8. 作品展示（图8）。

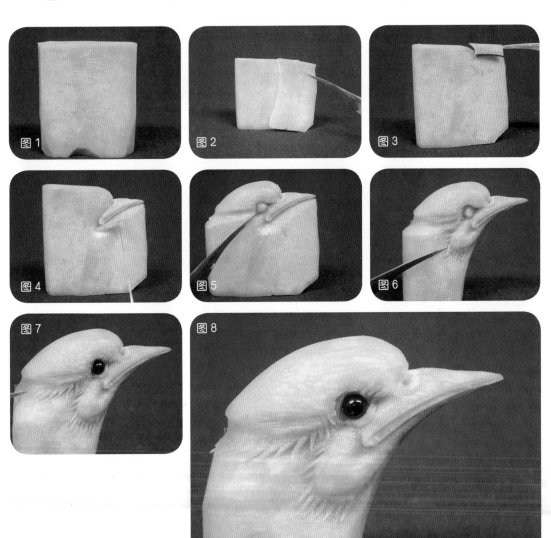

11. 月下双鼠

【鉴赏】有添福、添寿之意。

【适用】生肖、生日、鼠年展台等。

【特点】身体窄长，尾巴长，眼睛小，耳朵小。

【原料】芋头，南瓜，白萝卜，青萝卜。

【工具】主刀。

【步骤】

1. 选一大型芋头，在上面用主刀划出鼠的大形（图1）。

2. 用主刀沿线去掉废料，露出鼠的大型（图2）。

3. 用主刀刻出鼠的头部并加以修整（图3）。

4. 再刻出鼠的尾巴及四肢并加以修整（图4）。

5. 另取原料，南瓜、白萝卜、青萝卜，分别刻出祥云、山石、月亮等，组装即可（图5）。

6. 把雕刻好的另一只老鼠与其组装即可（图6）。

图1

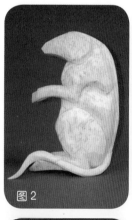
图2

图3

图4

图5

图6

第二篇 食品雕刻实例讲解

12. 祥牛贺喜

【鉴赏】有丰收美满、前景无限之意。

【适用】生肖、盘式、庆典、宴会等。

【特点】耳朵长、眼珠大、鼻子大、躯体浑圆，要突出脊、胯等部位肌肉。

【原料】芋头，南瓜，青萝卜，心里美。

【工具】主刀，U形刀。

【步骤】

1. 选取一块芋头用主刀切成前窄后宽的形体，定出牛的鼻子，用大号U形刀定出眼睛（图1）。

2. 另取原料粘接出牛的颈部，并用主刀刻出牛脸部肌肉，用主刀加以修整（图2）。

3. 用主刀刻出牛的耳朵、牛角粘接，注意牛的耳朵在牛角下方粘接（图3）。

4. 另取芋头用大号U形刀戳出牛身躯的大型，并粘接上牛的头部，加以修整（图4）。

5. 用主刀刻出牛的腿部并粘接原料上。并用大号U形刀划出牛身躯的肌肉（图5）。

6. 另取原料南瓜用主刀刻出车备用（图6）。

7. 再另用青萝卜用主刀雕刻出元宝、聚宝盆等作品（图7）。

8. 将雕刻好的牛与作品组装即可（图8）。

图1

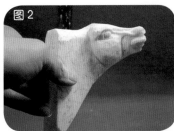

图2

图3

图4

图5

图6

图7

图8

圆
雕
食
品
雕
刻
技
法

13. 猛虎下山

【鉴赏】虎乃百兽之王，虎虎生威，变化莫测，有威猛勇武之意。

【适用】公司开业大典、大型赛事、年终庆典等场合。

【特点】爪子方中带圆，肢体粗壮，注意身体的动态。

【原料】芋头，南瓜，青萝卜。

【工具】主刀，U形刀，V形刀。

【步骤】

1. 选一块芋头，将原料切成前窄后方形的雏形，并用主刀定出虎的鼻子和嘴的位置（图1）。

2. 用中号U形刀定出眼并刻出，在眼的下方戳出虎的腮部和虎的肌肉部分(图2)。

3. 用小号V形刀划出虎的腮的绒毛，用主刀在眼的后方刻出虎的耳朵，然后安装上眼睛（图3）。

4. 另取原料，用主刀刻出虎的身体并粘接上虎头，加以修整（图4）。

5. 用中号U形刀划出虎腿部的肌肉，用主刀刻出虎的爪子，然后再用V形刀戳出虎的身体纹线（图5）。

6. 另取原料南瓜，用主刀刻出假山形状（图6）。

7. 将刻好的虎放于假山上组装，注意头部放于假山的低端，给人以猛虎下山的感觉（图7）。

图1

图2

图3

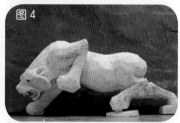
图4

图5

图6

图7

14．品读三千

【鉴赏】有祈寿纳福、吉祥安宁、喜悦丰
　　　　收之意。

【适用】生肖、盘式、小型展台。

【特点】尾巴短、耳朵长，蹲时背部隆起，
　　　　形体浑圆，后腿比前腿长些。

【原料】南瓜，心里美，芋头。

【工具】主刀，U形刀，O形刀。

【步骤】

1. 选取长南瓜，用主刀在南瓜两边各切
　 一刀。用画线笔在南瓜上画出兔子的
大形，然后用小号O形掏刀掏出兔子
的鼻子（图1）。

2. 用主刀沿鼻子下方刻出兔子的嘴巴位
　 置（图2）。

3. 再用 中号U形刀戳出兔子的眼睛的形
　 状（图3）。

4. 再用中号O形刀掏出兔子的颈部（图4）。

5. 用中号O形刀掏出兔子的前腿位置
　 （图5）。

6. 用主刀划出兔子的后腿形状（图6）。

7. 用主刀去掉兔子胸部下的废料（图7）

8. 用主刀细刻出兔子的爪趾（图8）。

9. 将兔子下方剩余原料用主刀雕刻出书
　 籍的形状，然后另外刻出山石、祥云，
　 组装即可（图9）。

10. 兔子近景特写（图10）。

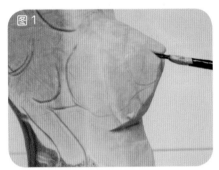

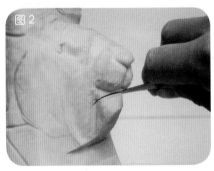

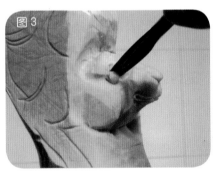

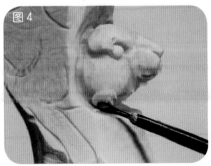

圆
雕
食
品
雕
刻
技
法

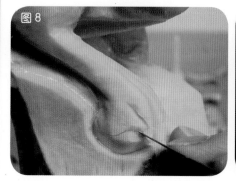

15. 蛟龙闹海

【鉴赏】龙乃中华民族之象征，有高尚、富贵、吉祥之意。

【适用】婚庆、大型比赛等。

【特点】身似蛇、鳍似鱼，具有牛耳、鹿角、鹰爪、狮尾、兔眼、鱼鳞等特点。

【原料】白萝卜，胡萝卜。

【工具】主刀，U形刀。

【步骤】

1. 选取胡萝卜，用主刀切成前窄的梯形，并用主刀刻出龙的鼻子和眼的部位（图1）。

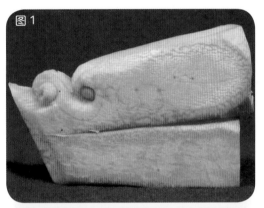

2. 用主刀雕出龙的唇部注意龙唇部的动态变化，并刻出嘴巴的獠牙（图2）。

3. 用主刀在龙唇的后面刻出龙的咬合肌（图3）。

4. 刻出龙的龙须、鬃毛、耳朵，粘接。注意用小号V形刀划出鬃毛的时候，鬃毛要飘逸自然（图4）。

5. 用胡萝卜粘接出龙身，用主刀把龙身修圆滑，然后刻出龙身上的鳞片粘接龙身时注意身体不要太死板，一般身体形状呈S形（图5）。

6. 另选用胡萝卜粘接出龙的尾巴，然后用主刀刻出尾巴上飘逸的细毛（图6）。

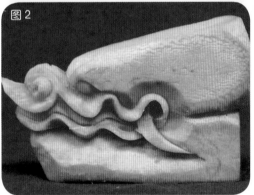

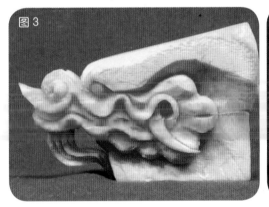

7. 另用主刀切一片胡萝卜薄皮，划出龙的背鳍形状
　　（图7）。

8. 另选原料，用主刀刻出龙的四个爪子，并细刻出龙爪
　　子上的鳞片及爪趾（图8）。

9. 用主刀把白萝卜刻出浪花形状作为底座（图9）。

10. 将刻好的龙组装在刻好的水浪上，注意龙的爪子动
　　态（图10）。

图5

图6

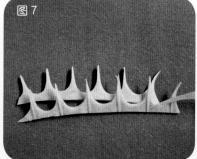

图7

图8

图9

图10

16．金蛇狂舞

【鉴赏】蛇在生肖中有小龙之称，有辟邪、
　　　　美好之意。

【适用】蛇年，生肖，生日。

【特点】注意蛇身动态成 S 形，由粗到细。

【原料】南瓜。

【工具】主刀，U 形刀。

【步骤】

1. 选取南瓜粘接出蛇的头部，再用主刀
　　把南瓜切出前窄后宽的形状，然后用
　　U 形刀戳出蛇的鼻子形状（图1）。

2. 在鼻子后端再用 U 形刀戳出蛇的眼睛
　　位置（图2）。

3. 用主刀划出蛇的嘴位置，然后刻出嘴
　　巴内的牙齿和舌头（图3）。

4. 用主刀刻出蛇的颈部位置并去废料
　　（图4）。

5. 另取南瓜刻出蛇的扇片粘接在蛇的颈
　　部两边，用主刀刻出扇片上的花纹(图5)。

6. 有小号 U 形刀戳出蛇身体的的花纹
　　（图6）。

7. 另取南瓜用主刀刻出蛇的尾巴并粘接
　　（图7）。

8. 组装，刻出祥云粘接（图8）。

图1

图2

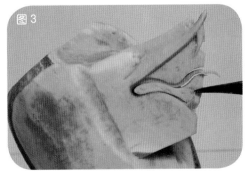

图3

图4

图5

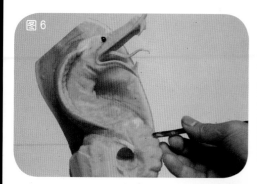

17. 马保平安

【鉴赏】有前景美好之意。

【适用】生肖、开业典礼、升迁等。

【特点】马头窄，头面平直而偏长，耳短，四肢长，骨骼坚实。

【原料】芋头。

【工具】主刀，V形刀，U形刀。

【步骤】

1. 选一芋头用主刀切成前窄后宽的梯形，用U形刀戳出马的鼻孔形状（图1）。

2. 用主刀开出马嘴巴的形状（图2）。

3. 去掉嘴内废料并刻出牙齿，再用U形刀戳出马脸部肌肉（图3）。

4. 另选芋头用画笔画出尾巴形状，然后用主刀沿线刻出马的尾巴及刻出尾巴上的细毛（图4）。

5. 另选用两个大的芋头粘接在一起，用主刀切平，用U形刀定出马身体的比例，并刻出马的前后腿的大形（图5）。

6. 用主刀细修马的腿部，并用U形刀戳出马的肌肉形状（图6）。

7. 粘接上马的头部、鬃毛、尾巴（图7）。

8. 上色完成后的样子（图8）。

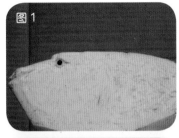

图1

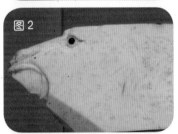

图2

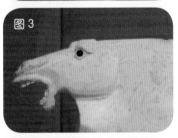

图3

图4

图5

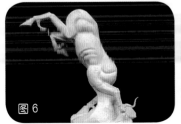

图6

图7

图8

18．招财进宝

【鉴赏】有发财、生意兴隆、财源广进之意。

【适用】酒店开张、生日等。

【特点】头成三角嘴尖、腿细、尾短且有须。

【原料】南瓜，青萝卜，心里美。

【工具】主刀，U形刀。

【步骤】

1. 选取一块原料用主刀切成等腰的形状，然后用U形刀戳出羊鼻子和眼睛的位置（图1）。

2. 用主刀和U形刀结合划出羊的脸部及胡须的位置（图2）。

3. 另选原料用U形刀和主刀结合方式刻出羊耳朵和羊角形状（图3）。

4. 粘接上羊的耳朵、羊角，用主刀细修羊的头部（图4）。

5. 另选一块南瓜，用主刀切平，并划出羊的身体大形及粘接上头部（图5）。

6. 用主刀沿线划出羊的身体，并去掉废料，然后再用主刀细刻出羊的蹄子及细修光滑身体（图6）。

7. 另选南瓜刻出底座（图7）。

8. 组装即可（图8）。

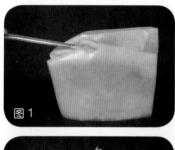

图1

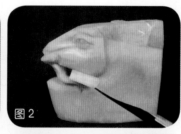

图2

图3

图4

图5

图6

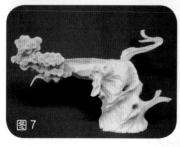

图7

图8

19. 金鸡报晓

【鉴赏】有大吉大利、美满幸福之意。

【适用】宴会，展台设计，生肖，节日。

【特点】鸡冠褐红，尾巴长飘逸，爪子短有力度。

【原料】南瓜，胡萝卜，白萝卜。

【工具】主刀，V 形刀，U 形刀，O 形掏刀。

【步骤】

1. 选一段南瓜，用主刀切成前窄后宽形状，然后在原料上划出鸡的大形（图1）。

2. 用大号 U 形刀沿线戳出鸡的嘴巴形状（图2）。

3. 顺鸡的头部用主刀去掉废料，露出鸡的颈部大形（图3）。

4. 用 O 形掏刀划出鸡颈部的绒毛（图4）。

5. 再用 U 形刀和 O 形掏刀结合方式，划出翅膀位置和定出翅膀的形状（图5）。

6. 用主刀沿翅膀下方刻出鸡的腿部形状并去掉废料（图6）。

7. 用主刀刻出鸡的上嘴喙并去掉嘴内的废料（图7）。

8. 用 U 形刀定出鸡的眼睛并用主刀修圆，然后再用 V 形刀划出鸡的头翎的绒毛及颈部的细毛（图8）。

9. 用主刀刻出鸡翅膀的鳞片（图9）。

10. 用主刀或 U 形刀戳出翅膀的次级羽毛，并用主刀去掉羽毛下面的废料（图 10）。

11. 用小号 U 形刀戳出爪子底部的肉，并用主刀刻出腿部的爪趾，用同样的方法刻出另一面鸡的爪子（图11）。

图1

图2

图3

图4

图5

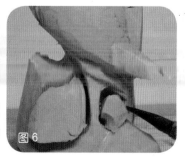

图6

图解食品雕刻技法

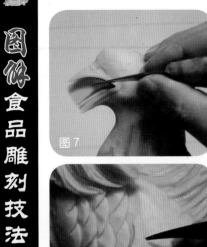

图 7

图 8

图 9

图 10

图 11

图 12

图 13

图 14

12. 用主刀刻出鸡的尾部，并用主刀刻出鸡尾部的羽毛（图 12）。

13. 另取原料用主刀刻出鸡冠（图 13）。

14. 用主刀刻出鸡坠（图 14）。

15. 组装粘接上鸡坠、鸡冠和尾部羽毛，把公鸡放于底座上（图 15）。

图 15

第二篇 食品雕刻实例讲解

20. 朝堂太平

【鉴赏】有生机勃勃和对未来充满希望、对生活向往和平之意。

【适用】生肖、盘式、小型宴会。

【特点】耳朵长，尾巴短，口鼻宽而深，眼睛中等，颈粗而短，嘴短。

【原料】芋头，南瓜。

【工具】主刀，U形刀。

【步骤】

1. 选取一段南瓜，用主刀把原料切成前窄后宽的形状，然后用主刀定出额头位置（图1）。

2. 用主刀定出鼻子位置（图2）。

3. 接着沿鼻子后下方用主刀刻出狗的嘴巴（图3）。

4. 用U形刀沿鼻子后方戳出眼睛的位置（图4）。

5. 在眼后方定出狗的耳朵位置，并用主刀划出耳朵并去掉四周的废料，使耳朵更突出（图5）。

6. 用主刀沿头部后方划出身体的大形，并去掉废料（图6）。

7. 用U形刀戳出身体肌肉，然后用主刀刻出狗的爪趾，在另刻出尾巴并粘接（图7）。

8. 另取芋头，用U形刀戳出花坛状（图8）。

9. 用主刀把花坛修至光滑（图9）。

10. 用主刀刻出花朵及枝干并组装好，然后粘接在花坛中（图10）。

11. 然后将花坛上色，把刻好的狗摆放在花坛旁边即可（图11）。

图1

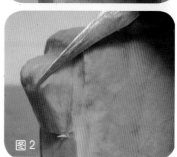

图2

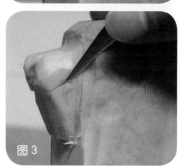

图3

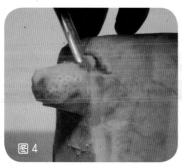

图4

图5

图6

图7

图8

图9

图10

图11

21. 诸事亨通

【鉴赏】富态，憨厚可爱。

【适用】菜肴装饰。

【特点】头圆脸大，腿短，耳大，眼小。

【原料】南瓜。

【工具】U 形刀，主刀，O 形刀。

【步骤】

1. 选取南瓜，用大号 U 形刀定出猪的头部位置（图 1）。

2. 用 O 形刀定出猪的嘴部（图 2）。

3. 用主刀开出猪的嘴张开的大形（图 3）。

4. 用 U 形刀戳出猪的下嘴唇部位，注意嘴的样子要夸张些，这样显得可爱（图 4）。

5. 用 U 形刀定出猪的眼睛位置（图 5）。

6. 用主刀细修出眼睛的形状（图 6）。

7. 用主刀细刻出猪的蹄子（图 7）。

8. 用大号 U 形刀戳出猪的耳朵（图 8）。

9. 用主刀刻出猪的尾巴（图 9）。

10. 粘接上猪的耳朵和尾巴并细修，用主刀刻出元宝、祥云、城墙等后组装即可（图 10）。

11. 近景特写（图 11）。

图 1

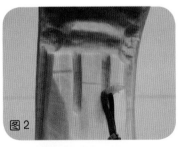

图 2

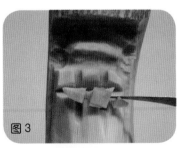

图 3

图 4

图 5

图 6

圆
雕
食
品
雕
刻
技
法

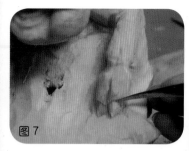

图 7

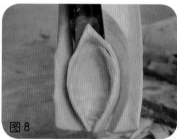

图 8

图 9

图 10

图 11

22．怒吼雄狮

【原料】南瓜，青萝卜，白萝卜。

【工具】主刀，V形刀，U形刀。

【步骤】

1. 选取原料，用主刀切出前窄后宽形状（图1）。

2. 用小号V形刀戳出狮子的鼻孔（图2）。

3. 用U形刀戳出狮子眼睛（图3）。

4. 用主刀划出嘴的形状（图4）。

5. 用主刀去掉嘴内的废料（图5）。

6. 另取原料刻出狮子的身体大形并将狮头粘接上（图6）。

7. 用主刀刻出狮子毛发的大形（图7）。

8. 用主刀或V形刀细刻出毛发的纹路，然后再刻出身体的肌肉和爪子（图8）。

9. 用主刀刻出假山并把狮子置于上面即可（图9）。

图1

图2

图3

图4

图5

图6

图7

图8

图9

图解食品雕刻技法

23. 翠 鸟

【特点】嘴长，尾巴短，腿短。

【原料】南瓜。

【工具】主刀，U形刀，V形刀。

【步骤】

1. 选一个南瓜，用主刀切一平面，然后用画笔在上面画出翠鸟的大形状。用主刀定出翠鸟的嘴部位置（图1）。

2. 用主刀把胸部修圆润，然后再用U形刀开出鸟的翅膀的形状（图2）。

3. 用主刀定出鸟的爪子位置（图3）。

4. 用主刀开出鸟的嘴，然后再用小号U形刀刻出鸟的鼻孔（图4）。

5. 用主刀定出鸟眼位置，安装上眼睛，并用主刀划出鸟眼下部的绒毛（图5）。

6. 用V形刀划出翅膀上的绒毛，并用U形刀戳出翅膀上的鳞片和羽毛（图6）。

7. 用主刀去掉层次之间的废料（图7）。

8. 用主刀定出鸟的腿部，然后用主刀开出鸟的爪子，并用U形刀戳出脚爪上面的肉及鳞片（图8）。

9. 用主刀刻出鸟的尾部注意尾巴要短些，不要过长（图9）。

10. 粘接上尾巴，鸟空余的地方刻出山石的形状（图10）。

11. 组装，刻出水草、花朵，粘接上即可（图11）。

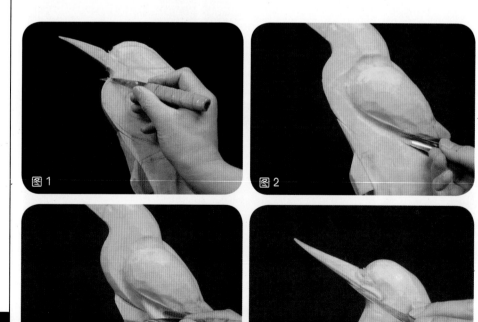

图1

图2

图3

图4

第二篇 食品雕刻实例讲解

图 5

图 6

图 7

图 8

图 9

图 10

图 11

图解食品雕刻技法

24. 玫瑰花瓶

【原料】南瓜，胡萝卜。

【工具】主刀，U形刀。

【步骤】

1. 选一个长形南瓜，修成坯（图1）。

2. 用主刀在南瓜的1/3处定出瓶颈（图2）。

3. 用U形刀戳出花瓶的瓶颈，并在花瓶的中段下方戳出花纹的形状（图3）。

4. 用主刀去掉花纹内部的废料（图4）。

5. 用主刀去掉花纹外部的废料，使花纹凸出来（图5）。

6. 用小号刀划出花瓶上的造型（图6）。

7. 另取原料用主刀刻出花瓶的耳朵，然后粘接在瓶颈上（图7）。

8. 在花瓶内刻出花的枝干（图8）。

9. 组装，刻出玫瑰花，粘接在花枝上即可（图9）。

图1

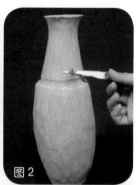

图2

图3

图4

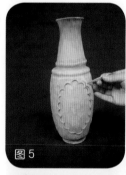

图5

图6

图7

图8

图9

25. 绶带迎春

【原料】南瓜。

【工具】主刀，U形刀，V形刀，O形刀。

【步骤】

1. 选个长南瓜，用主刀定出鸟的头部及嘴部并去掉废料（图1）。

2. 用主刀刻出鸟的嘴部，去掉多余的部分（图2）。

3. 用主刀刻出鸟眼，然后划出鸟部头翎的绒毛（图3）。

4. 用小号V形刀划出鸟眼下部的绒毛（图4）。

5. 用O形刀定出鸟的腿部位置（图5）。

6. 在鸟前胸接出树枝，并刻出腿部（图6）。

7. 用主刀划出鸟的尾巴形状（图7）。

8. 用主刀细修鸟的尾巴，并用V形刀划出羽毛上的羽茎，另取原料用主刀刻出翅膀并粘接上（图8）。

9. 刻出花瓣粘接组装成型（图9）。

10. 绶带特写（图10）。

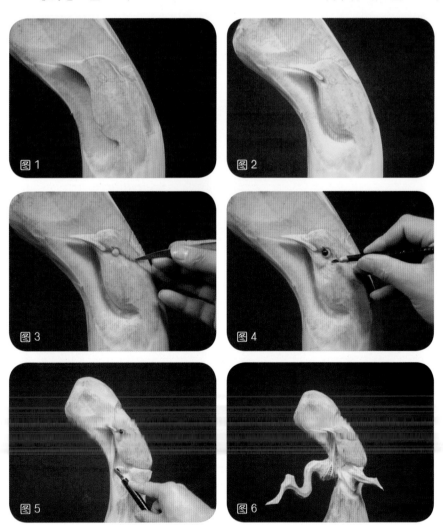

图1

图2

图3

图4

图5

图6

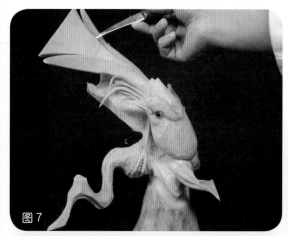

图7

图8

图9

图10

26. 啄 食

【原料】南瓜，胡萝卜。

【工具】主刀，U形刀，V形刀。

【步骤】

1. 选取一个南瓜，用主刀在一面平切一刀，然后进行原料粘接，再用画笔画出鸟的大形（图1）。

2. 用U形刀或主刀沿线开出鸟的大体轮廓（图2）。

3. 用主刀开出鸟的嘴部大形（图3）。

4. 用主刀细修出鸟的头部和嘴巴及眼睛的位置（图4）。

5. 用主刀或V形刀划出鸟的腮部绒毛及头翎的绒毛（图5）。

6. 用V形刀划出鸟的腿部绒毛（图6）。

7. 用主刀开出鸟的爪趾，注意爪趾之间的距离，然后再用U形刀开出鸟的爪部底部的肉（图7）。

8. 用主刀细刻出鸟的爪趾（图8）。

9. 另取原料用主刀和V形刀结合细刻出鸟的翅膀和尾巴，然后粘接上（图9）。

10. 鸟空余的部分，用主刀刻出树枝形状，然后再用主刀刻出树叶和桃子，进行组装（图10）。

11. 近景特写（图11）。

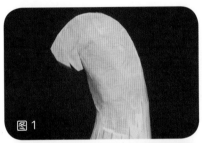

图1

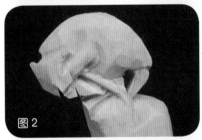

图2

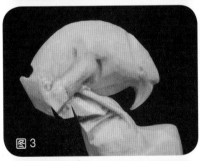

图3

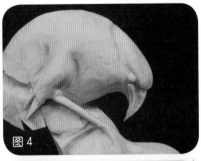

图4

图5

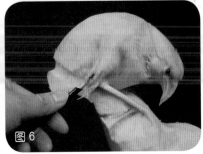

图6

圆雕食品雕刻技法

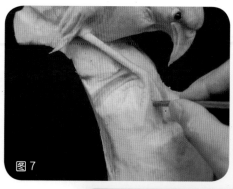

图7

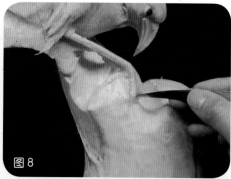

图8

图9

图10

图11

27. 海豚戏耍

【原料】南瓜，胡萝卜。

【工具】主刀，V形刀，U形刀。

【步骤】

1. 选取南瓜，用主刀先把原料皮削至光滑，然后用画线笔在上面画出葫芦的大形，再用U形刀沿线开出葫芦的大形（图1）。

2. 用主刀和U形刀结合的方式，把葫芦表面修至光滑（图2）。

3. 用U形刀沿葫芦的壶口下面划出水浪的形状（图3）。

4. 另选原料用主刀和U形刀结合的方式刻出剩余的浪花，然后进行粘接（图4）。

5. 用主刀刻出浪花旁边的岩石及葫芦上面的飘带，进行组装（图5）。

6. 选取南瓜，用主刀刻出海豚的大形，并用V形刀戳出海豚的嘴部形状（图6）。

7. 用U形刀和V形刀结合的方式戳出海豚的眼睛，并划出背鳍及尾巴（图7）。

8. 组装，将刻好的海豚摆放在浪花中（图8）。

图1

图2

图3

图4

图5

图6

图7

图8

图像食品雕刻技法

28. 凝思

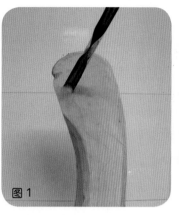

图1

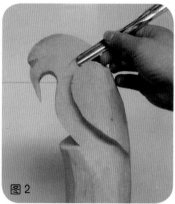

图2

图3

图4

【原料】南瓜，心里美。

【工具】主刀，U形刀，O形掏刀，V形刀。

【步骤】

1. 选一块长南瓜，用主刀切一平面 并用画笔在上面画出鸟的外形，然后用U形刀沿线定出鸟的嘴部（图1）。

2. 用U形刀开出鸟的嘴部和翅膀大形（图2）。

3. 用主刀沿翅膀下方刻出鸟腿的位置（图3）。

4. 小号O形掏刀掏出鸟鼻孔（图4）。

5. 用主刀开出鸟的下嘴喙并去掉余料（图5）。

6. 用小号U形刀定出鸟的眼睛，然后再用大号U形刀戳出鸟的腮部（图6）。

7. 用V形刀或者O形掏刀划出腮部的绒毛并安装上眼睛（图7）。

8. 用小号V形掏刀掏出翅膀上的绒毛（图8）。

9. 用U形刀开出翅膀的小飞羽毛（图9）。

10. 用主刀去掉飞羽中的废料（图10）。

11. 用主刀取出飞羽羽毛之间的余料（图11）。

12. 用主刀开出鸟的腿部，并细刻出鸟的爪趾，并用V形刀或主刀划出鸟爪

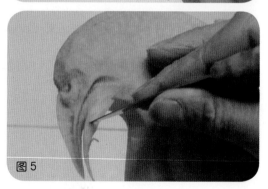

图5

上的鳞片（图12）。

13. 用小号V形刀或者刻线刀划出鸟腿上的绒毛（图13）。

14. 用主刀另刻出尾巴并粘接好，再取心里美刻出花瓣，取南瓜刻出山石，进行组装即可（图14）。

第二篇 食品雕刻实例讲解

图 6

图 7

图 8

图 9

图 10

图 11

图 12

图 13

图 14

图解食品雕刻技法

29. 喜上眉梢

【原料】南瓜，心里美。

【工具】主刀，V形刀，U形刀。

【步骤】

1. 选一个南瓜，用主刀在原料上斜切一刀（图1）。

2. 在原料前段用主刀定出鸟的头部，然后去掉废料（图2）。

3. 用主刀开出鸟的嘴部形状并去掉废料（图3）。

4. 用U形刀开出鸟的翅膀大体形状（图4）。

5. 用主刀沿翅膀下方刻出鸟的腿部大形（图5）。

6. 用小号U形刀戳出鸟的掌心肉（图6）。

7. 用主刀刻出鸟的爪趾（图7）。

8. 用主刀刻出鸟的嘴（图8）。

9. 再用主刀刻出鸟的下嘴喙（图9）。

10. 用U形刀戳出鸟的眼睛（图10）。

11. 用小号V形刀或刻线刀划出鸟腮部绒毛（图11）。

12. 用U形刀划出鸟的头翎（图12）。

13. 用小号V形刀划出翅膀上的绒毛（图13）。

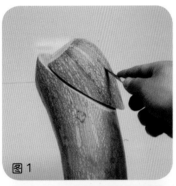
图1

图2

图3

图4

图5

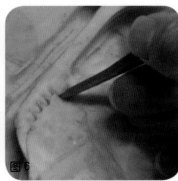
图6

第
二
篇
食
品
雕
刻
实
例
讲
解

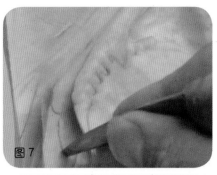

图 7

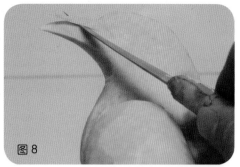

图 8

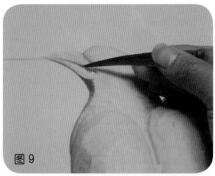

图 9

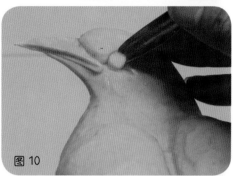

图 10

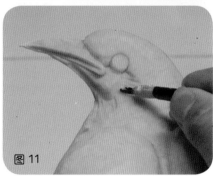

图 11

图 12

14. 再用 V 形刀或刻线刀划出翅
    膀上的绒毛（图 14）。

15. 用主刀或者 U 形刀刻出鸟的
    飞羽（图 15）。

16. 用主刀去掉飞羽下的废料
    （图 16）。

17. 另选原料用主刀刻出鸟的尾
    巴（图 17）。

18. 用小号 V 形刀或刻线刀划出
    尾巴上的绒毛和飞羽（图 18）。

19. 组装，粘接上尾巴，再将刻
    好的梅花粘接上（图 19）。

20. 鸟部特写（图 20）。

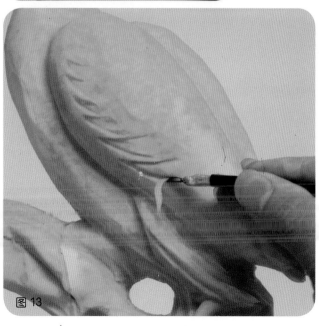

图 13

图解
食
品
雕
刻
技
法

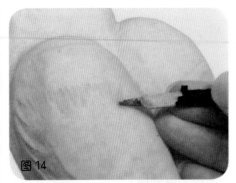

图 14

图 15

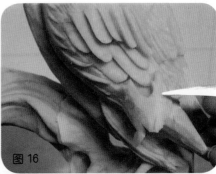

图 16

图 17

图 18

图 19

图 20

30. 美　味

【原料】南瓜，心里美。

【工具】主刀，U形刀，V形刀，O形掏刀。

【步骤】

1. 选取一个长南瓜，用主刀修平，用画线笔在上面画出鸟的大形（图1）。

2. 用主刀沿线定出鸟的额头并去掉废料（图2）。

3. 用主刀去掉颈部的废料，并用U形刀戳出翅膀的大形，然后用主刀把翅膀的边缘细修光滑（图3）。

4. 用主刀开出鸟的嘴并取出嘴中的废料（图4）。

5. 用U形刀戳出鸟的舌头（图5）。

6. 用小号O形掏刀掏出鸟的鼻孔，然后再用U形刀戳出鸟嘴上的废料（图6）。

7. 用U形刀开出鸟的眼睛并用V形刀划出头翎，然后再用V形刀划出腮部的绒毛（图7）。

8. 用V形刀或刻线刀划出翅膀上的绒毛（图8）。

9. 用主刀或U形刀刻出鸟的次羽，并用主刀去掉次羽下的废料（图9）。

10. 用V形刀划出腿部的绒毛（图10）。

11. 用U形刀戳出鸟爪的掌心肉，并用主刀刻出爪趾（图11）。

12. 另取原料用主刀和V形刀结合的方法刻出翅膀和尾巴，粘接在鸟身上，注意动态姿势（图12）。

13. 近景特写（图13）。

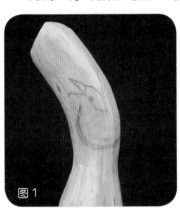

图1

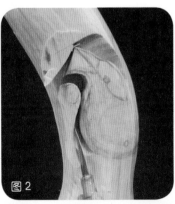

图2

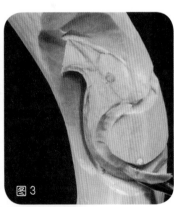

图3

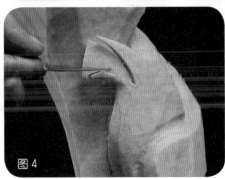

图4

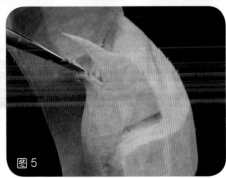

图5

TUJIE SHIPIN DIAOKE JIFA

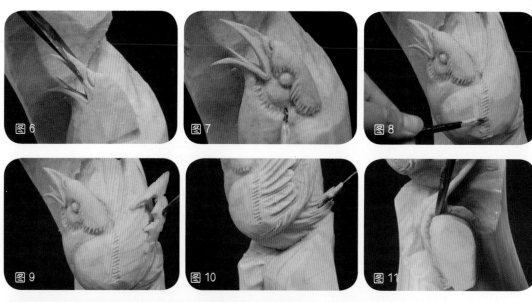

图6　图7　图8
图9　图10　图11

图12

图13

48

31. 迎宾花篮

【原料】南瓜，白萝卜。

【工具】主刀，U形刀，V形刀，O形掏型刀。

【步骤】

1. 选取一个南瓜，用主刀在原料2/3处定出花篮把的位置，并用主刀去掉局部处的废料（图1）。

2. 用O形刀掏出另一面并去掉废料（图2）。

3. 用主刀把花篮周边的菱角修圆滑（图3）。

4. 用U形刀戳出花蓝的边缘，并用主刀去掉边缘下的余料并修圆（图4）。

5. 用U形刀或V形刀戳出花纹（图5）。

6. 用U形刀戳出小孔，注意不要戳透（图6）。

7. 用V形刀或O形掏刀在花篮边缘下划出编制花纹形状（图7）。

8. 用主刀和U形刀结合的方式，用U形刀戳出圆形段粘接在花篮边缘下的小孔上，然后用主刀去掉编织花纹内线条的废料（图8）。

9. 将刻好的花卉组装在花篮中，另取白萝卜，用主刀刻出底座，把花篮置于上面即可（图9）。

10. 花的局部特写（图10）。

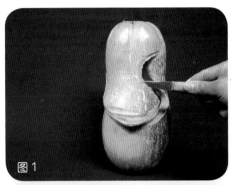

图1

图2

图3

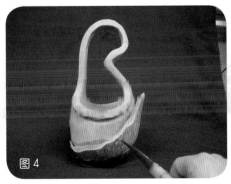

图4

图5

圆俗食品雕刻技法

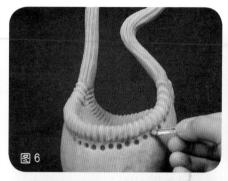

图6

图7

图8

图9

图10

32. 鹅

【原料】南瓜。

【工具】主刀，U形刀，V形刀。

【步骤】

1. 选取一个南瓜，用主刀把原料两面各切一平面，然后用笔画出鹅的大体形状（图1）。

2. 用主刀和U形刀结合的方式，沿线开出鹅的整体大形状，然后去掉废料(图2)。

3. 用U形刀开出鹅的眼睛位置（图3）。

4. 用主刀刻细刻出嘴巴，安上鹅的眼睛，然后再用主刀或V形刀划出鹅腮部绒毛（图4）。

5. 用主刀和V形刀结合方式，刻出鹅的尾巴和鹅掌（图5）。

6. 用主刀和V形刀结合方式，细刻出鹅的翅膀并粘接上花朵（图6）。

7. 鹅的近景特写（图7）。

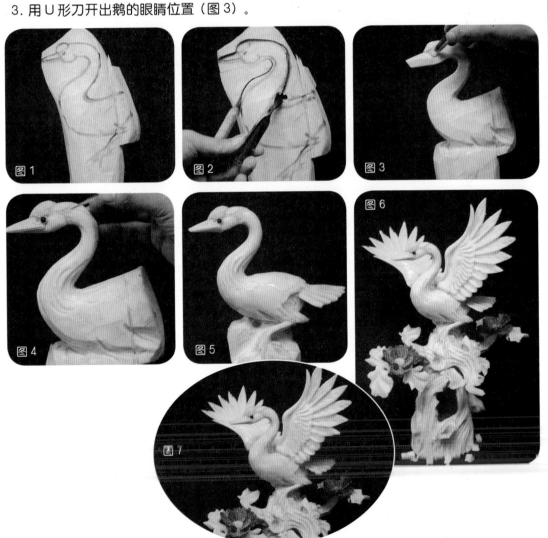

图1　图2　图3　图4　图5　图6　图7

33. 锦绣牡丹

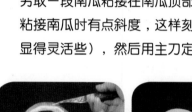

【原料】南瓜，心里美，青萝卜。

【工具】主刀，V形刀，U形刀。

【步骤】

1. 选取一个南瓜，用主刀把南瓜修平，另取一段南瓜粘接在南瓜顶部（注意粘接南瓜时有点斜度，这样刻出的鸟显得灵活些），然后用主刀定出额头及嘴的位置（图1）。

2. 用主刀刻出嘴并用V形刀戳出鸟的鼻孔（图2）。

3. 用主刀和U形刀结合的方式，刻出眼睛的位置及头翎上的细毛（图3）。

4. 用主刀和U形刀结合方式，开出锦鸡背部的披肩及上面的鳞片（图4）。

5. 用U形刀开出翅膀的大形，并用主刀把翅膀边缘修圆（图5）。

6. 沿翅膀下方用主刀划出腿的形状，并去除周围的废料（图6）。

7. 用U形刀戳出鸟的掌肉，在用主刀细刻出爪趾（图7）。

8. 用V形刀戳出翅膀上的小绒毛（图8）。

9. 用主刀或U形刀开出翅膀的二级次羽，注意羽毛的层次感，要错落有致（图9）。

10. 用主刀去掉羽毛下的废料，然后再用U形刀戳出第三层的次羽（图10）。

11. 用V形刀和主刀结合的方式，划出尾巴的羽茎及尾巴四周的斑纹（图11）。

12. 组装，粘接上尾巴，再将刻好的牡丹粘接树枝上（图12）。

13. 锦鸡近景（图13）。

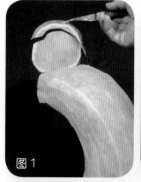

图1

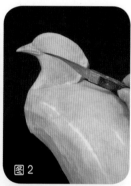

图2

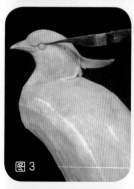

图3

图4

图5

图6

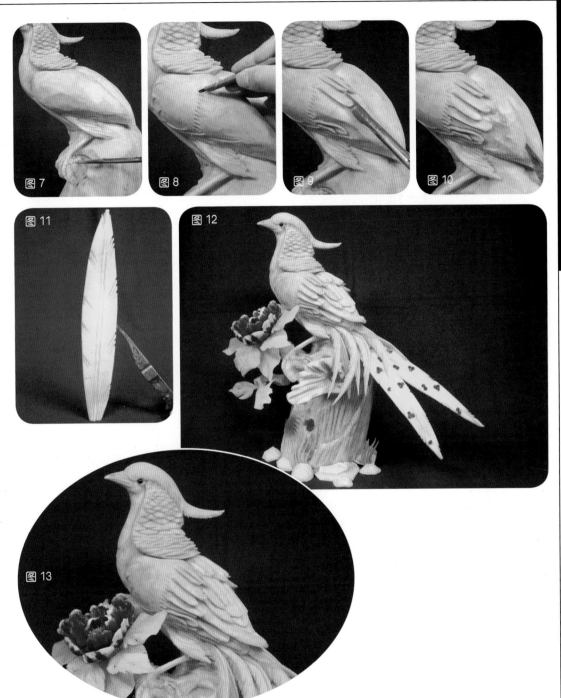

图 7

图 8

图 9

图 10

图 11

图 12

图 13

34.聆 听

【原料】南瓜，青萝卜。

【工具】主刀，U形刀，V形刀。

【步骤】

1. 选一个弯形状的长南瓜，用主刀把皮削掉，另选一块南瓜粘接在南瓜上，然后用画笔勾出两只鸟的大形，再用主刀开出鸟的嘴并去掉嘴内的余料（图1）。

2. 用中号U形刀戳出鸟眼及嘴角的腮毛，然后再戳出鸟的头翎（图2）。

3. 用主刀或V形刀划出头翎的绒毛和腮部的绒毛（图3）。

4. 用主刀开出鸟的爪子，注意各个爪子的动态（图4）。

5. 用主刀在空余的地方刻出树干并粘接上树枝（图5）。

6. 用主刀和V形刀结合的方式，细刻出鸟的翅膀（图6）。

7. 组装，粘接上翅膀和树枝上的树叶及花朵（图7）。

8. 鸟部特写（图8）。

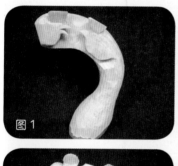

图1

图2

图3

图4

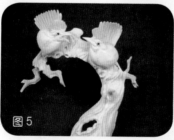

图5

图6

图7

图8

35. 麒麟玉书

【原料】南瓜。

【工具】主刀，U形刀。

【步骤】

1. 选一块南瓜，用主刀把原料切成前窄后宽形状，然后用主刀定出鼻子的位置并去掉废料（图1）。

2. 用主刀刻出上下嘴唇及嘴部的獠牙形状，注意嘴巴张开要大，显得凶些（图2）。

3. 用主刀刻出嘴内的牙齿并去掉废料（图3）。

4. 用主刀和U形刀结合的方式，沿麒麟的嘴角后方刻出咬合肌的位置，并用主刀去掉废料，然后细修咬合肌，去掉四周的棱角（图4）。

5. 另选一块大的长形南瓜，用主刀切平，然后再在上面画出麒麟身体的大形，并粘接上头部（图5）。

6. 用主刀沿线划出麒麟身体形状，并去掉四周的废料（图6）。

7. 用主刀刻出身体上鳞片，并细修蹄子及粘接上麒麟的鬃毛、眼睛和尾巴（图7）。

8. 另选一个南瓜作为底座，并在上面刻出祥云及天书（图8）。

9. 组装，将刻好的麒麟摆放在天书上，注意麒麟的动态（图9）。

10. 近景特写（图10）。

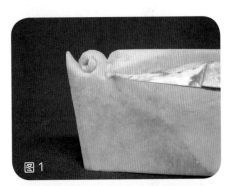

图1

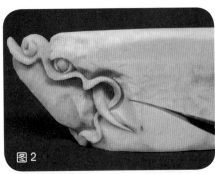

图2

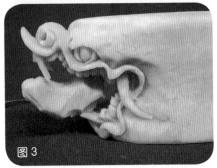

图3

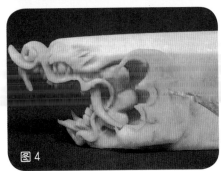

图4

图5

图 6

图 7

图 8

图 9

图 10

第三篇　食品雕刻作品鉴赏

1. 鸟　鸣

2. 博花一笑

图解食品雕刻技法

3. 畅　游

4. 翠鸟叼食

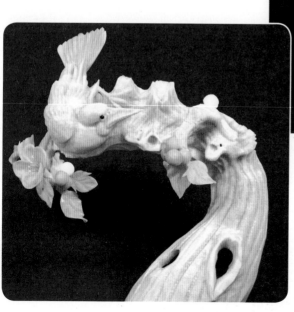

5. 呆　望

6. 戴胜寻觅

7. 关 怀

8. 鹅花映月

9. 飞舞旋姿

10. 丰　收

11. 富贵花篮

12. 海底世界

13. 荷塘情趣

图解食品雕刻技法

14. 虎视眈眈

15. 花开富贵

16. 花开并蒂

17. 花　瓶

图解食品雕刻技法

18. 回首切盼

19. 金凤映舞

20. 蛟龙戏水

21. 金鸡独立

22. 金钱猪

图解食品雕刻技法

23. 跨　越

24. 鲤鱼戏珠

第三篇 食品雕刻作品鉴赏

25. 麟占鳌头

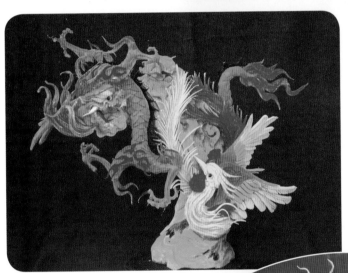

26. 龙凤呈祥

27. 龙腾四海

28. 马跃千里

29. 麻雀戏耍

30. 龙争虎斗

31. 落图凤

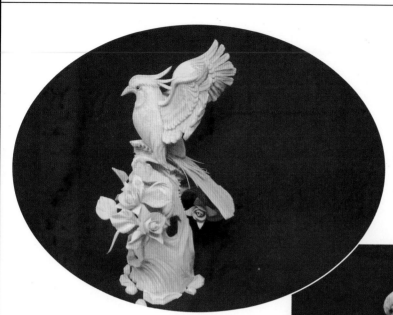

32.凝 神

33.哺 食

34.怒 吼

35.弄 潮

36.怒狮东起

37.品 读

图解食品雕刻技法

38. 其乐融融

39. 麒麟雄风

40. 起 舞

72

第三篇 食品雕刻作品鉴赏

41.仰 望

42.雀 跃

43.授 课

44. 期 待

45. 双鹤祝寿

46. 五龙迎奥

47. 锦鸡回首

图解食品雕刻技法

48. 绶带弄姿

49. 双鹤翱翔

50. 亲　密

51. 天马行空

52. 跃跃欲试

53. 踏浪而归

图解食品雕刻技法

54. 兔与硕果

55. 相亲相爱

56. 贪吃果实

57. 蟹戏蝼

58. 一马当先

59. 鱼跃戏耍

60. 鸳鸯戏莲

61. 长尾鸟

62. 争先恐后

图解食品雕刻技法

63. 争决高低

64. 注视花开

65. 长 鸣